精品文化工作室 编

大连理工大学出版社

图书在版编目 (CIP) 数据

浪漫简欧 / 精品文化工作室编 . —大连 : 大连理工大学出版社 , 2013.2
（装修达人的个性小家）
ISBN 978-7-5611-7535-4

Ⅰ . ①浪… Ⅱ . ①精… Ⅲ . ①住宅—室内装饰设计—图集 Ⅳ . ① TU241-64

中国版本图书馆 CIP 数据核字 (2012) 第 313870 号

出版发行：大连理工大学出版社
（地址：大连市软件园路 80 号 邮编：116023）
印　　刷：精一印刷（深圳）有限公司
幅面尺寸：210mm × 255mm
印　　张：5
出版时间：2013 年 2 月第 1 版
印刷时间：2013 年 2 月第 1 次印刷
策划编辑：刘　蓉
责任编辑：刘　蓉
责任校对：李　雪
封面设计：李红靖

ISBN 978-7-5611-7535-4
定　　价：26.80 元

电话：0411-84708842
传真：0411-84701466
邮购：0411-84703636
E-mail:designbooks_dutp@yahoo.cn
URL:http://www.dutp.cn

如有质量问题请联系出版中心：（0411）84709246 84709043

目录

冷静的心

这是一个充满诱惑的世界，也是一个充满喧嚣的世界，因此，我们需要一颗冷静的心来接人待物。于是，家便成为冷静个人情绪的最佳场所，这不是一道选择题，更不是某个选项，这是一种生活模式，体现出一种生活态度。在这里，且看黑、白、灰如何演绎这份冷静，冷却浮躁的心，升腾居家的热情。

黄耀国
福州万欣装饰设计工程有限公司
设计五所所长 / 总设计师
毕业于福建省农林大学装饰装修工程专业
中国建筑装饰协会注册室内设计师
中国建筑学会室内设计分会（CIID）会员

设计说明

本案在设计上追求休闲居住氛围，同时还希望能诠释现代欧式文化的内涵，设计师以感性的手法呈现了现代休闲欧式的概念，将材质之间相互碰撞产生的效果以设计语言表现出来，色彩和谐、统一、典雅、不夸张且能在关键部位渲染出精彩之笔，造型精巧却不繁琐，简洁而统一，书写出大气、流畅。

本案入口处有一个小阳台，设计师将其规划为入户玄关，作为衔接室内外景致的过渡空间。此空间没有过多的装饰，也没有太多的陈设，只有一扇隐藏的门接通保姆房，既保证了空间的整体性，又不影响美观。进入室内，首先映入眼帘的是餐厅，黑色绒面与银色镶边的高背餐椅与餐桌构成进门的第一道风景，加上简洁的墙面装饰，更是将欧式风格的独有韵味表现得淋漓尽致。

客厅的布局延续餐厅的风格，于简洁明快中流露端庄优雅，以线条勾勒出的层次让空间充满立体感和硬朗的气质，黑、白色的搭配中点缀米色和灰色，平衡了空间感，同时也增添了几分雍容华贵的气息。客厅、餐厅之间通过拱门式设计来区划空间，保证空间独立性的同时亦增添了庄重华丽之感。

公共空间的地板以仿古砖打造，卧室则以金刚木地板铺设。公共空间典雅大方，私人空间温馨浪漫。以木地板铺地，辅以紫色系的软包床头和轻纱窗帘，浪漫有之，华丽大气有之，这就是主卧。小孩房以浅蓝色的墙纸和留白的天花板营造出清新可爱的氛围，再加上舒适可爱的床品和家具，一个健康、活泼的儿童天地就此呈现。

项目地点：福州
项目面积：140 平方米
家庭成员：夫妻带小孩
主要材料：意大利木纹大理石、仿古砖、水曲柳面板、明镜、墙纸、水泥漆
设计风格：现代简欧风格
空间格局：入户阳台、餐厅、客厅、卧室（3 个）、保姆房、一厨二卫一阳台

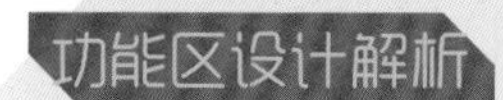

功能区设计解析

- ▶ 餐厅的设计呼应客厅的风格，以黑色家具表现典雅贵气，墙面上太阳状的镜面更是为其添色不少。
- ▶ 拱门式设计加强了走道的纵深感，白色门框与吊顶使空间清晰、立体、层次更为明显。
- ▶ 卧室的设计以墙面、床品与家具的搭配为主线，墙纸的运用为整体空间奠定了基调，床头墙的打造塑造出空间的气势，床品与家具的搭配则营造出良好的氛围。

或许是因为见惯了都市的灯红酒绿，或许是因为看多了坚硬冰冷的建筑，再面对如出一辙的风景时，人们便从心底里觉得累。于是，他们要求家的设计不要再千篇一律，不要再冷硬尖锐，要温馨一点，要有更多的人情味。简欧风情的家居没有奢华的距离，没有冷硬的质感，有的只是温情和浪漫，让你无力抗拒。

生活的本质

即便是豪宅，最终也要回归生活的本质——温和的视觉、温馨的氛围和舒适的身体享受，对自己和生活诚实，才能放松身心来感受美好。如此一来，即便乐于享受，也情有可原，本案赋予屋主的就是这样一种情感。以清爽、简约的设计来诠释欧式经典风情和古典韵味，为空间送上清爽、新鲜的空气。

陈挺
汕头市天锐设计有限公司
设计总监兼负责人　高级室内建筑师
2008 年 “岭南杯” 广东装饰行业设计作品展评优秀奖
2008 年 品格杯首届粤东家居装饰设计大赛二等奖
2008 年 罗浮宫首届粤东装饰设计大赛实例公装类银奖
2009 年 中国（上海）国际建筑及室内设计节“金外滩奖”入围奖

设计说明

不管是怎样的空间，最基本的前提都是要满足人们的基本生活需求，再华丽的设计，最终都要回归生活的本质。如此，空间和设计才有意义。本案要体现的就是这样一种理念。

入户的地方以一组休闲茶座打造出一个休闲玄关，既是入户的第一道风景，又是转换情绪的过渡空间。玄关与室内空间以一组对称的柜体来分隔，避开了一眼到底的通透感，同时，双面对开的柜体也解决了一部分居家收纳的问题。白色与米色的搭配也奠定了室内基调。

客厅里，褐色系的沙发以银质的卷边呼应着欧式风情的设计，从细节处表现欧式的优雅和华丽。沙发背景墙以米色烫花壁纸与简约壁画呼应整体的简约、素雅。电视墙作为客厅与餐厨空间的隔断，以卷草图案的玻璃和人造大理石来设计，半通透的效果让两个空间似隔非隔，既独立又通透。

餐厅的设计显得简洁、素雅，银、灰色调的餐桌椅搭配水晶吊灯，一片纯净。

主卧拥有一个独立开阔的更衣室，为屋主提供更为舒适、高雅的生活享受。此外，主卧还配备独立的卫浴间，以清玻璃与卧室隔开，有一种酒店式生活的感觉，增添了生活情趣。

另一个房间作为客房来使用，简洁大方的设计营造出清新舒适的感觉，素净壁纸装点的墙面以装饰壁画来点缀，床尾安放一台电视机，为私人空间提供更多的娱乐和方便。

项目地点：汕头
项目面积：114 平方米
家庭成员：夫妻
主要材料：人造莎安娜、墙纸、玻璃、马赛克
设计风格：简欧风格
空间格局：玄关、会客厅、餐厅、主卧、次卧、一厨二卫一阳台

家是人们休养生息、涵养能量的重要场所，换句话说："家"必须是一处最安全、最舒适，能随时为自己和家人提供完善照顾、满足各方面生活需求的优质空间。本案便是以此为主要目标而做出的典雅、舒适、让人感到悠闲自在的生活休闲居所。

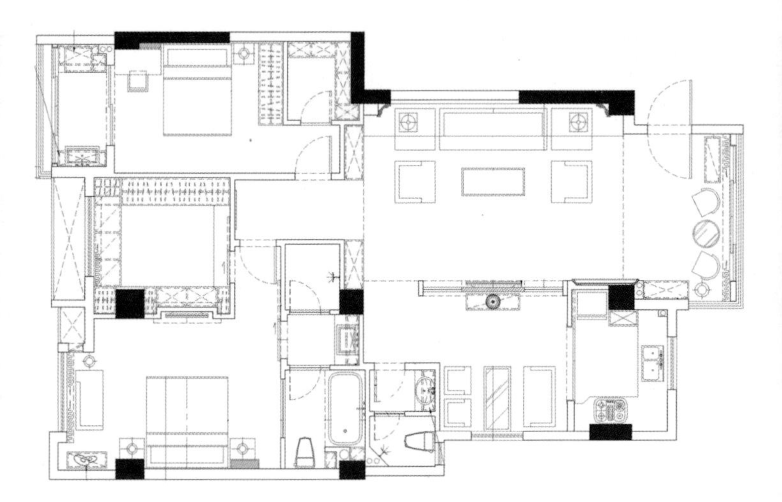

功能区设计解析

- ▶ 新古典风格的沙发即便是单独出现，也能成为客厅里独特的风景，加上镜面玻璃，更添几分奢华；另一边占据了整面墙的风景画如同一股春风，吹进人心里，为空间增添几分清新舒爽。
- ▶ 印花玻璃与实墙构建的电视墙有着虚实相合的意境，透过玻璃可以看到餐厅的景象，朦胧之中别有一番味道。
- ▶ 由沙发围合起来的客厅疏朗大气，中性色与粗条纹的搭配流露出沉稳、优雅之气，搭配卷草图案的地毯，更具整体感。
- ▶ 餐厅的布置简单而清爽，银、灰色的搭配在白色墙面的映衬下更显清雅、宁静，为家人的进餐营造出轻松、愉悦的氛围。

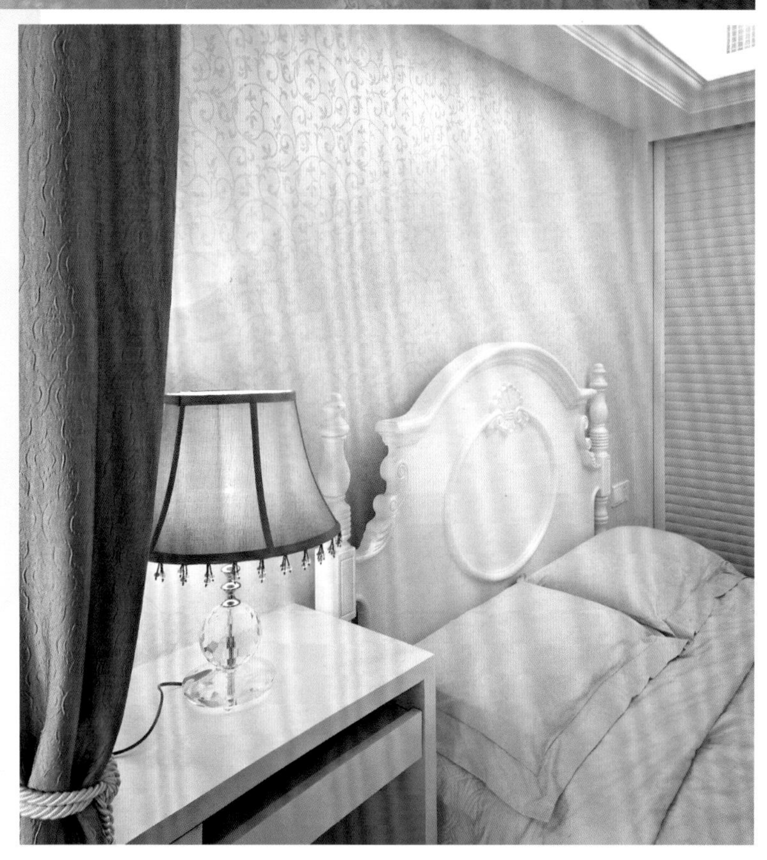

功能区设计解析

- 一般来说，主卧的设计会更显庄重、华丽，而本案主卧却显得素雅、温馨，深色木地板与简单的家具搭配，增添了几分轻松、舒适。
- 通道的尽头以一只曲脚的小柜搭配黑框壁画来进行指引和暗示，既避免了纯白墙面带来的单调感，又在一定意义上消除了人们的疲劳感。
- 为了打破纯白墙面带来的乏味，在床尾墙上安装了一台电视机，既完善了墙面设置，又为屋主的私人时间增添了一份娱乐。
- 素雅的墙纸配合纯白的床架和床头柜，让这个卧室显得更为纯净、温馨。深蓝色的窗帘是空间里唯一的深色，起着平衡空间感的作用，为空间增添了几分沉静、舒适之感。

琴声飘扬的浪漫居所

女主人从事钢琴家教的工作，因此，琴声便成为家里不可或缺的元素，琴声悠扬，引领着“家”的主旋律，也主导着生活的节奏。或抑扬顿挫、或悠扬绵长、或轻声呢喃……或许家的节奏不会跟着琴声走，但是琴声却会跟随生活的节奏，而家的情绪也会受空间和人的影响。让我们在简欧风格的家中，体验浪漫的音乐之旅。

张馨
张馨室内设计事务所 / 瀚观室内装修设计 设计总监
张馨设计师擅长以5、8、2的手法展现房屋完整的内涵，将硬件装潢做到5分，选择特殊造型或具有亮点的软件将空间带到8分，最后空间中一定要有2分的留白，比例的清楚划分才能将室内的表情呈现出来，任一部分做得太满或太少都会使空间失去该有的气质。

设计说明

女主人从事钢琴家教的工作，家中有架专业的三脚钢琴。设计师对钢琴的摆放位置进行了特别仔细的推敲，最后决定将琴房和书房结合在一起，然后将省下的走道空间用做琴房，女主人教琴时拉上通透的玻璃门，空间就可以独立，同时不影响家人的作息。等候小孩下课的家长亦可在公共空间自在休憩。

全室散发出简洁的气息，设计师秉持“5、8、2”原则，强调空间的干净度，没有繁复的线条和装饰，仅以素雅的元素加上独特的色彩搭配就突显出了房子该有的利落样貌。

步入玄关，斜贴仿银狐瓷砖搭配黑色小口砖展现出精致典雅的居家气氛，玄关柜及鞋柜围塑出独立空间，因为有较多的鞋子需要收纳，L形的柜体环绕轻松地解决了收纳的需求。

客厅仿壁炉式的电视主墙点出简欧风格的特性，上半段选用灰白砖更显独特有型；选购特别定制的家具来衬托，在软装部分以屋主喜爱的紫色做点缀；餐厅壁面以烤漆玻璃铺陈，简化的线条在洒落的灯光下显现出层次的美感。

琴房主墙喷以巧克力色墙面漆，一进门便将人的目光集中在钢琴上，而铺设的厚地毯则有吸音的功能，如此细心打造的琴房，让人不禁闭上眼，想象从女主人指尖流泄出的悠扬的琴声。藤色粉刷让白色立面富有层次，透过玻璃格栅巧妙地修饰了钢琴的视觉比例，让钢琴也变成了精致的装置艺术。

主卧以紫色粉刷搭配花纹壁纸，令素净的睡眠空间鲜活不少，床头左右对称的双开窗选用百叶，营造出欧美度假的休闲感。预留的小孩房也可以作为长辈房使用，苹果绿和白色的完美融合突显出设计师的配色功力。

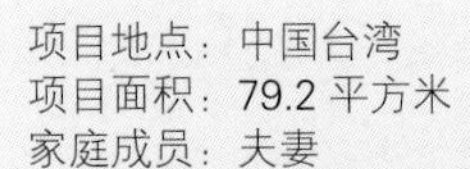

项目地点：中国台湾
项目面积：79.2 平方米
家庭成员：夫妻
主要材料：海岛型木地板、灰白瓷砖、仿银狐瓷砖、黑色小口砖、白色及巧克力色喷漆、藤色粉刷、壁纸
设计风格：简欧风格
空间格局：客厅、餐厅、主卧、次卧、书房、一厨两卫一阳台

本案要强调的是工作与生活的融合。作为艺术工作者，对环境的要求更加严苛，加上要与生活环境兼容，在设计上就更加不容易。设计师巧妙地运用空间结构并加以转换，将看似突兀的“庞然大物”妥当安置起来，不仅如此，还巧妙地将其变成空间里一件亮眼的艺术装置，不得不说设计师的功力到家。而屋主，则只需好好感受这独特的设计带给生活的便利和美好！

功能区设计解析

- 封闭式的厨房设计将餐厨空间分隔开来，却在色彩上保持一致，以此来达到统一。设计师摒弃开放式的设计，既避免了油烟进到公共空间，又保证了厨房的安全和卫生，更显条理。
- 琴房与书房的结合让人想到“琴棋书画是一家”的说法，也让人想到多才多艺的古人，一边谈诗论道，一边听琴，别有一番意境。
- 主卧的设计结合女主人最喜欢的紫色，将其作为空间的跳色，在素白的空间里点缀高雅的紫色，更添一份优雅和高贵，让人过目不忘。
- 小孩房的设计结合学习和生活这两大主要功能，苹果绿的床品为空间添上一份清新和鲜亮，床头更是以书桌与窗台相结合的形式呈现，让室内显得明亮而舒心。
- 卫浴间的设计以白色为主，简洁而清爽。浴缸临窗而设，为了保证私密性，还在浴缸的上方以金属架围出一圈布帘。

韵·律

忙碌的工作和紧张的生活让人感觉喘不过气来，所以越来越多的人希望拥有这样一个空间：宁静、平和、优雅，让人可以卸下一切包袱，忘却烦恼，静心享受生活的美好，感受自己内心的平静。在本案中，素雅的环境伴着轻柔的海风，让生活也变得轻松起来，优雅的姿态，恬静的生活……

林斌
福建国广一叶建筑装饰设计工程有限公司
室内设计师
毕业于福建集美大学
2003 年～ 2005 年就职于福州好日子装饰公司
2005 年至今就职于福建国广一叶建筑装饰设计工程有限公司

主要作品：福州中天金海岸、公园道一号别墅、居住主题别墅、海润尊品住宅、融汇江山住宅、闽清阳光城样板房、泰宁别墅、福州万达某办公室、广西融昌置业地产、长乐某纺织厂办公室

设计说明

本案定位为简欧风格，采用简约和欧式相结合的设计理念，诠释典雅的欧式情怀和大气的简约风情。设计师运用米色和香槟色皮革，以米白色为基调，配合大理石和灰镜，在不同层次的灯光烘托下表现出高雅、和谐的空间内涵，为屋主打造出一个极具品位和格调的生活空间。

客厅里，玻璃门为室内带来开阔的视野和海景景观，让人在进入室内的瞬间就感受到大气明朗的空间氛围。白色的卷边沙发搭配浅灰色印花坐垫和抱枕，围绕着纯白色的茶几，加之环状立体吊顶和古铜吊灯，更显素雅、温馨。餐厅呼应着客厅的氛围，同色系的餐桌椅以精美的镂花镶边突出优雅气质。坐在餐厅里，隔着玻璃门便可看到厨房里忙碌的身影，让人倍感温馨甜蜜。

在进入房间的地方以纯白的酒柜造出一个隔断，用以改善空间的格局，起到了分隔空间的作用。

主卧以女主人的爱好来设计，白色、浅咖色搭配浅浅的粉，凸显温柔、优雅、甜蜜的氛围，却丝毫不显稚嫩，搭配床头墙上的婚纱照，更添甜蜜、温馨。临海的一面大玻璃窗为屋主观海的窗口，休闲茶桌临窗而设，平添了几分慵懒气质。

本案临海的一面有一个大大的阳台，在此处摆上一组多人用的休闲茶桌、一把摇椅，便可以消磨多个午后阳光。

项目地点：福州
项目面积：135 平方米
家庭成员：夫妻带小孩
主要材料：大理石、香槟色软包、橡木、灰镜面
设计风格：简欧风格
空间格局：玄关、客厅、餐厅、主卧、女儿房、客卧、生活阳台、休闲阳台、一厨二卫

功能区设计解析

- 大理石打造的电视墙与香槟色硬包打造的沙发墙互为呼应，衬托出客厅里的米色沙发，凸显庄重、优雅的气质。
- 餐厅里没有多余的装饰，优雅造型的餐桌椅呼应古典华丽的吊灯，摆上一束插花，便成一道风景。
- 厨房的设计以实用、便捷为主，大面窗搭配简洁的设施，加上大面积的空间，让人倍感清爽。
- 主卧米色的家具搭配深色木地板，显得优雅而舒适。坐在临窗而设的休闲茶座上，美丽的海景尽收眼底，惬意的心情无以言表。

仿佛最轻柔的风，吹过平静的湖面；仿若最柔软的化妆刷，扫过干净的脸颊……这是看似平淡，实则温柔的触动，带给人最深的感动，久久不能消退。这就是本案带给人的感觉，风吹过，空间明净清朗，说不出哪里好，却让人想忘也忘不掉。一起来看海吧，在这个临海的空间里！

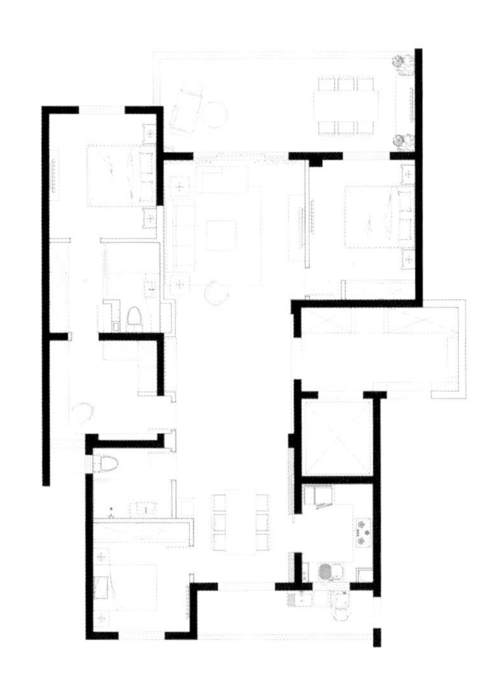

放飞的梦想

如今房价居高不下，想要拥有一个属于自己的“家”确实不是一件容易的事情。因此，对于新婚的小夫妻来说，能一起迈进新房也是一件幸福的事。在这个案例中，小夫妻的新婚照被当做壁画点缀在房间各处，空间优雅华美，画中人笑靥如花。这是一个孕育梦想的空间，纷飞的思绪在此沉淀，孕育出最美的花朵。

金娟　武汉市美颂雅庭刘志林工作室　室内设计师
毕业于黄石理工学院艺术系装潢专业
设计概念：运用现代的理念结合经典的风格
擅长风格：新古典、欧式田园、新中式
代表作品：融科天城、万科高尔夫、金地国际花园、金都汉宫、水岸星城、东湖林语

设计说明

本案原来的建筑格局让各个区域的空间都显得比较局促。因此，设计师在与屋主充分沟通后，将客厅扩大，厨房和餐厅打通，使其连成一体，此外，主人房与客房也连通成为一个大套房。整个建筑格局重新布局后，各个区域的空间得以扩大，增强了居住的舒适度，也更加人性化。

室内设计采用简欧风格，以白色的石材统一整个室内空间，再配以香槟色的墙纸及点缀在各处的黑色镜面，带给人强烈的视觉冲击，使空间在保持一致的同时又充满跳跃性。

入户花园用水晶宫石材铺设，顶面的白色木质雕花局部以镜面材料点缀，营造出一种时尚而温馨的氛围。进入客厅，展现在眼前的是深色彩条的地板，低调而贵气的黑色皮质沙发，具有极强现代感的马赛克及晶莹剔透的水晶吊灯，简约大气中流露出点点奢华。餐厅与厨房属于半包围形式，开放式的厨房设计让这个空间看上去清爽而简洁，纯净的黑白搭配加上餐厅墙上欢乐喜庆的新婚照片，不用费心装饰，已达到美化修饰的效果。

主卧里有一个圆弧形的大落地窗，既可以使房间的阳光更为充沛，又可以依窗观景。卫浴间与卧室采用纯玻璃做隔断，增强了整个空间的互动感。双面圆镜的设计在增加功能性的同时，也更显活跃。纯白的床和阳台处白色的扇贝形沙发书写出优雅与华丽，宛如一个气质美女，端庄、秀丽。

项目地点：武汉
项目面积：170 平方米
家庭成员：新婚夫妇
主要材料：爵士白大理石、水晶复合石材、马赛克
设计风格：简欧风格
空间格局：玄关、入户花园、客厅、餐厅、娱乐室、主卧（带书房）、客房、一厨二卫二阳台

功能区设计解析

- 客厅里每一处都是风景，每一笔都是设计师的用心之笔：黑色沙发上的白色勾边，沙发背景墙上的大幅马赛克拼花，金属质地的镂花座椅，银色金属质感的宽大茶几，黑色与灰蓝条纹的地毯，电视背景墙上由马赛克拼贴的百合花……
- 餐厅背景墙上红色主题的婚纱照是其最大的亮点，书写着幸福与期待，让进餐氛围更加愉悦与轻松。
- 走廊的转角处以屋主的婚纱照点缀，蓝色条纹地板的尽头是愉悦的笑脸，既有着指引的作用，又有着美好的寓意。
- 整面墙的柜体设计将新居的物品完美地收纳在柜门之后，在保证空间完整性的同时也完善了空间设计。

设计师强调简单结构与舒适功能的完美结合，不仅追求造型美，更注重从人体工程学出发，使其与人体相协调，让人倍感舒适。鲜明而素雅的色彩搭配营造出简洁、明朗的清爽感，让家居空间得到彻底降温，并呈现出令人舒适的氛围，让新居更添几分甜蜜和温馨。

功能区设计解析

- 主卧的设计以突出浪漫、清新为主。屋主是新婚的年轻人，正沉浸在甜蜜的爱情中，憧憬着美好的未来与幸福的日子，设计师以深彩色系的地板搭配白色的家具和床品，鲜明地表达出温情与浪漫。圆形的阳台以深色花纹窗帘区隔，并摆放一组白色的扇贝沙发，将优雅和惬意书写得淋漓尽致。
- 客房的设计协调了整体空间，以清爽舒适为主，简洁的家具搭配飘窗设计，突出休闲、舒适的氛围，床头墙以大幅自然风景画打造，飘飞的蒲公英和白鸽将人的思绪带向远方。

加州阳光

有时费尽心思想要弄清一件事，却往往不尽如人意，然后在某个不经意的瞬间，答案就这样呈现在你面前，让你又惊又喜。忽然就感叹，生活真的只需要顺其自然就好，有些事情，不需要强求答案，因为答案有可能就在身边的某个地方，只等着你去发现。这样的感觉，如同加州的阳光，光亮却不刺目，温暖又贴心。

颜旭

DOLONG 董龙设计 首席设计师 / 软装总监

中国建筑学会室内设计分会会员

从业年限：八年以上

技能证书：建筑设计师

曾获奖项：IA2009　南京室内设计大奖赛家装工程类一等奖

2009 年　入选南京室内设计人才库

2009 年　入选《装饰装修设计》年度封面人物

设计说明

本案以典雅的欧式风格为基调，素雅的色彩搭配深色木料，沉稳内敛之中流露出柔情，仿佛经历过时光的打磨和岁月的沉淀之后才呈现在人们面前，润泽，与世无争，却让人忽略不了。

推开门，马上就可以感觉到这个空间的优雅和热情。空间的颜色搭配得很清新：浅色的美克美家家具、深色的原木地板、淡蓝色的墙面……散发出淡淡的典雅。客厅里简洁雅致的柱体将墙面划分为几段，黑、白、灰色的马赛克装点的地台也可作为一个陈列台，既可以摆放小型绿色盆栽，又可以存放音响设备，仿古艺术砖贴面的电视墙在两根柱体之间形成独特的风景，大气、明朗。布艺沙发拥有精美的卷边设计，在色彩上与木地板、电视墙协调统一，整个空间不显陈旧，只留有岁月沉淀的韵味，历久弥香。餐厅位于角落处，四把餐椅围着小小的实木圆桌，小巧而温馨，白色的墙面用相片装点，既不会太喧闹，又不会太单调，一切都刚刚好。

主人房的设计也是浪漫恬静的：浅黄色的花朵墙纸、配套的白色木质家具、别致的水晶吊灯，在充足阳光的照耀下，即使不在阳光明媚的加州，也能享受到暖暖、浓浓的夏日阳光。小孩房选用实木家具搭配素雅的碎花壁纸，显得清新、自然，让人平静地感受生活的美好。

整个空间在一种淡淡的色彩中描绘着一幅生活的场景，犹如秋日的阳光，淡淡的却带给人最贴心的暖意。

项目地点：南京

项目面积：130 平方米

家庭成员：老人、夫妻带小孩

主要材料：仿古艺术砖、大理石、美克美家家具、进口墙纸、进口地板

设计风格：欧式风格

空间格局：客厅、餐厅、书房、卧室、老人房、主卧、小孩房、一厨三卫

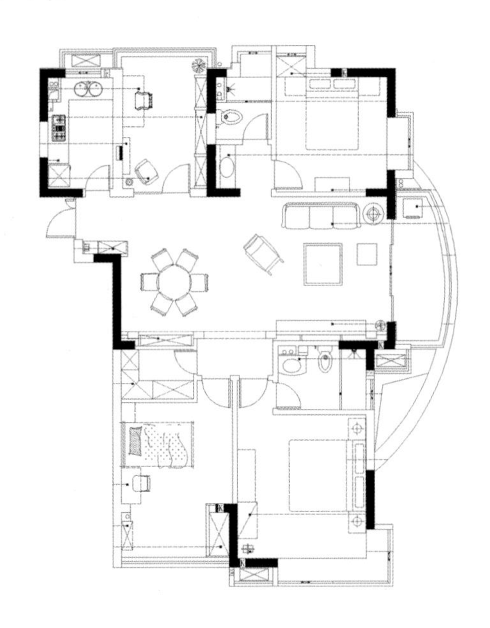

如果有人问我什么样的状态最好，我会说，没有最好，不是更好，一切都要刚刚好，那才是最完美的状态。是啊，一切都刚刚好，如同端水一般，满了会溢，浅了不够，大半杯的状态就刚刚好，够喝，又不会外溢。我想，大部分的人都会喜欢这样一种刚刚好的状态，对家的要求应该也是如此，不需要太华丽，不需要太奢侈，也不要太简朴，想要阳光、空气、鲜花，想要与居住的环境亲密地交流、相互融合，这便是一种满足的状态。

功能区设计解析

- 花卉图案在客厅里尽情盛放，雅致的木质家具与布艺的组合总给人带来清新爽目的感觉，加上绿植的点缀，更添温馨、浪漫。
- 深色的木地板搭配白色的餐椅和做旧的边几，一切都显得那么分明，加上不能忽略的精美吊灯，一个充满田园气质的餐厅就此呈现。
- 深色的实木家具搭配素雅的碎花壁纸，显得清新、自然，带给人最平实、自然的生活感受。这样的场景，似画又似梦。

精致生活

白色是最单纯的色彩，有人将它归为无色系，但是它却能给人“有色有味”的生活体验。在这个以白色为主的空间里，银色为其营造晶莹的质感，紫色为其穿上华贵的外衣，粉色填充其温柔的内里，墨蓝为其打造沉静的气质，这样的空间，还能说它无色吗？这样的生活享受，还能说它无味吗？不能，这样的空间让人只剩惊喜和惊叹……

周炀　尚映空间 设计总监

2010 年 第五届 CIDF 中国国际设计艺术博览会 2009 ~ 2010 年度杰出设计师
2010 年 第五届 CIDF 中国国际设计艺术博览会年度住宅类二等奖
2008 年 CCTV 中央电视台“交换空间”明星设计师
2007 年 “威能杯”中国住宅室内设计明星大赛武汉赛区金奖、全国总决赛十强
2007 年 “鹰牌陶瓷杯”全国室内样板房设计大赛全国优秀家装案例五十强
2007 年 “伊莱克斯”全国十大样板房设计师 入围奖
2007 年 《设计家》杂志评选中国年度优秀设计师
2006 年 深圳 MACO 室内住宅设计大赛 金奖、最佳创意奖
2005 年 中国深圳地产节室内设计大赛 最佳创意奖 新锐设计师
2005 年 深圳“CHINA DESIGN”样板生活设计大赛二等奖、最佳团队奖

设计说明

他们代表了一种生活方式，他们会直率地表露出对精致、丰富物质生活的热爱。家对他们来说不仅仅是一个居所，还是展现个人魅力、结交生意伙伴的社交舞台，这就是本案屋主表现出来的个性。因此，本案的基调定为白色，营造出一种适度的古典纯净之美。整体造型夸张而不失典雅，搭配做工考究的家具、窗帘和陈设品，成就了一个艺术品般夺目的空间。

客厅里白色的沙发散发出柔和的气质，银色金属质感的茶几和电视柜为空间带来一点变化的同时也增添了空间的质感。紫色被用作跳色，客厅里的窗帘、沙发抱枕、壁画装饰……深浅不一的紫点亮了空间，与餐厅的紫色座椅形成微妙的联系，让空间生动活泼起来。餐厅里优雅的紫色将人们的眼光聚焦，与透明的酒柜和晶莹剔透的藏酒一起成为餐厅最瞩目的风景，让人感叹高品质的生活享受。书房里除了白色，还加入一点沉静的墨蓝，不同于深紫的优雅，它让空间更适于人思考和整理情绪。

项目地点：武汉
项目面积：98 平方米
家庭成员：夫妻带小孩
主要材料：爵士白大理石、不锈钢、软包、银箔马赛克、欧式墙纸、银镜、白色仿古地板
设计风格：简欧风格
空间格局：客厅、餐厅、书房、主卧、小孩房、一厨二卫

设计说明

主人房里，晶莹的银、纯净的白、高贵的紫、优雅的灰，恰到好处的搭配将整个空间映衬得如同童话世界中的仙境，晶莹剔透，高贵典雅。床头银白色的马赛克拼贴花纹在床头灯的映照下如梦似幻，让人如坠云里，开始一场无比真实的梦境。小孩房以嫩粉色和浅紫色为主色调，营造出一幅甜蜜梦幻的景象，贴合小女孩的粉红情结及公主梦想。整个卫浴间采用纯白和银色装饰，银箔马赛克贴面与白色洁具将整个空间映衬得如冰雪场地，清爽而剔透，带给人惊喜。

高贵紫、墨色蓝、柔嫩粉、高雅白、金属银，纯粹而简单的色彩让这个空间一路延续真实的梦境，带给人非一般的生活体验和高品质的享受。

功能区设计解析

- 俯瞰客厅，整个空间就像是一个梦幻中的场景，洁白、纯粹，让人联想到晶莹剔透这个词，沙发墙上的壁画以不同的色彩装点白色的墙面，更显优雅、精致。
- 电视墙以米色的软包装饰，配上银色的电视柜，在射灯的照耀下熠熠生辉。
- 紫色的优雅餐椅是欧式风情的代表之笔，衬着远处玻璃酒柜中晶莹剔透的名酒，一个高品质的生活场景就此呈现。
- 书房的结构简单而清爽，色彩纯粹而沉静，白色、墨蓝色的搭配与欧式的典雅造型相结合，碰撞出激情的火花。

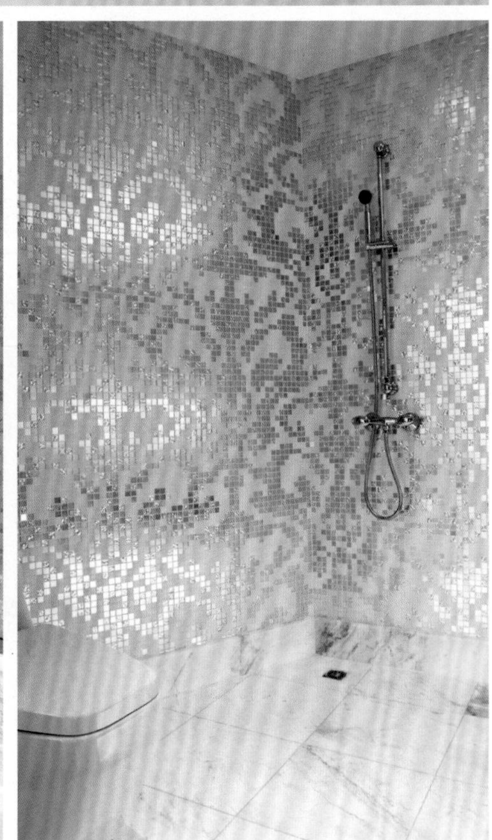

功能区设计解析

- 女孩房的设计以梦幻、可爱为宗旨，粉色与浅紫色的结合既显甜美，又隐隐透出优雅气质，让人回味。
- 卫浴间的设计结合各种玻璃与镜面营造出神秘、晶莹的气质，雾面加磨花的造型让一切若隐若现，增添了生活情调。
- 主卧要营造出一种优雅、华贵的气质，加上女主人爱美的特性，白色、米色加上紫色为其营造出一个专属的宫殿，既有梦幻般的晶莹，又流露出华贵气质。
- 床头的衣柜同样用纯白的色彩搭配透明玻璃来设计，延续空间整体氛围的同时，也不失为一次服饰的展示。

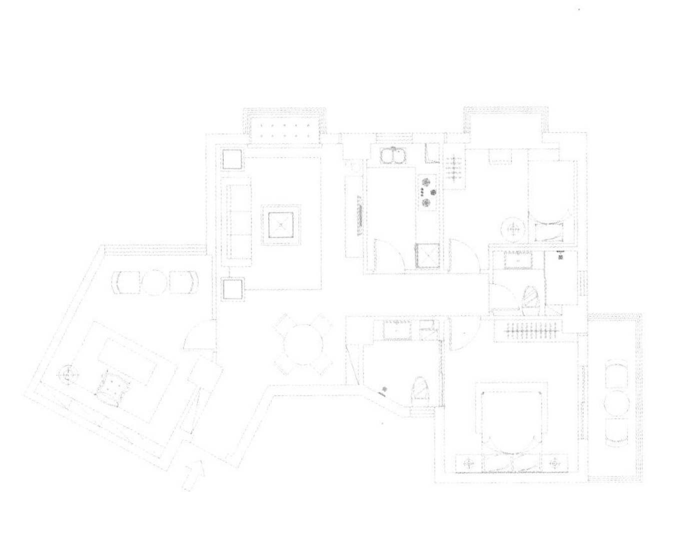

在这个如梦似幻的空间里，紫色、墨蓝、粉色、银色、白色，这些色彩与各种柔软饰物的组合，让人感到如维多利亚风格般的柔美、精致。在典雅、婉约、浪漫、高贵的艺术氛围与格调中，寻求一种更为优雅、细腻、奢华的生活步调。设计师通过对这些色彩和欧式风格的熟练掌控，向人们诠释了一种优雅生活的新态度，同时也让人们对家充满了情感与向往。

家·缘

与家的缘分，从入住的那一刻开始。对家的感情，如同牵手幸福的夫妻一样，是可以患难与共的。在这里，共享幸福、快乐的时光，释放浮躁、不安的情绪，卸下虚伪、坚强的外衣，放松紧绷、压抑的神经，沉淀宁静、过往的回忆，让心安定下来，给心安一个家，这便是缘分的开始！

陈榕锦　福州国广一叶装饰有限公司 专家设计师
2004 年 福州米兰整体家居设计公司
2006 年 上海诗雅装饰有限公司
2009 年 福州合诚装饰有限公司

设计说明

本案屋主要求营造出简约、大气的空间感。屋主不喜欢灯带，喜欢欧式风格，但又怕卫生清理过于麻烦，加上整体的预算投入有所限制，设计师最终确定以简欧风格作为设计的主方向，为屋主一一实现他的家居梦想。

空间设计的造型线条以直线条为主，并尽量以多层次来表现，以此营造欧式的线条层次感。为了体现低调奢华的感觉，设计师采用黑金色系的经典搭配，点缀上玫红色，营造出低调华丽而又优雅高贵的空间氛围。此外，客厅沙发旁边的原始剪力墙存在着很大的结构问题，设计师采用护墙板搭配镜面的手法，让空间得到一个整体的释放，让人的视线可以延伸进去。同时，由于水晶帘状吊灯的辉映与镜面的反射效果，更显出客厅的大气，整体空间也增色不少。餐厅处于三面墙围合的状态，但却并不影响其采光和通风，雾面玻璃梭门与彩绘玻璃让餐厅内部光亮通明，黑色坐垫、银色金属椅腿与大理石的搭配简洁而大气，呼应着客厅的沙发，更有整体感。暗花墙纸映衬着“扬帆大海”的壁画，鲜明而独特。

主卧以玫红色作为亮点，在木地板、浅咖色窗帘的衬托下，金色花纹的墙纸与花卉图案的床靠背愈显素雅宁静，玫红色的床品则愈显优雅、高贵。客卧以突显高贵庄重为设计理念，米色的连墙柜体完美地完成了收纳任务，深紫色的床品搭配深色木质床头柜，显得沉稳、宁静。

项目地点：福州
项目面积：120 平方米
家庭成员：夫妻
主要材料：墙纸、玻璃、艺术瓷砖
设计风格：简欧风格
空间格局：餐厅、客厅、主卧、客房、一厨二卫

功能区设计解析

- 客厅的设计往往是围绕着沙发进行的，沙发背景墙与电视背景墙在色彩和造型上的呼应设计为中心的沙发区奠定了良好的基础，浅咖啡色系让黑色的沙发和米色的茶几更为突出，主次分明而又不失特色。
- 客厅里还有另外一个主角——吊灯。本案客厅中的吊灯如同幕帘般从天花板垂下，形成一个呼应下方茶几的立方体，以闪烁的光芒和晶莹的造型夺人眼球。
- 餐厅三方面壁，其中两面以玻璃门区隔，为其提供充足光照的同时保证其独立性，成就了一个低调华丽的进餐空间。
- 厨房在空间面积上一定要有所保证，宽敞的空间加上实用舒适的橱柜、厨具能为烹饪的人营造出一个良好的环境和舒爽的氛围，如此，才能有美食可以享用。

每一个找设计师做设计的业主都想自己的房屋有特点和个性，在住宅设计被模式化的时代，怎样才能在同中求异？在本案中，设计师用行动告诉业主，美观与实用的结合才是最好的设计。看不见的舒适、便捷和温馨，即便只是白天和夜晚的区别，感受也会不一样；而这种感受，就是设计想要的最终效果，也是设计的最终目的。

功能区设计解析

- 客房的设计偏向于长辈房的风格，以沉稳、优雅为主，深紫色的床品搭配浅色的墙纸与米色整体柜，简洁中流露出华贵气质。整面墙的柜体将居家物品完美地隐藏其中，既解决了居家生活的收纳问题，又保证了空间的完整性。
- 卫浴间的设计以清爽、洁净为主，清爽素雅的色彩搭配镜面、玻璃等反射性材料和帘幔、艺术瓷砖的运用，来营造私密空间独有的情趣，在低调、舒适中将居家空间的品位和格调展露无遗。
- 主卧结合独立的卫浴间来规划，睡眠区以简洁的空间设置搭配简约的家具和高档床品，以此来体现屋主的品位和爱好。

回家的诱惑

有人，以酒店为家；也有人，将家当成酒店。虽然同样是酒店，却有着不同的意义。在这里，以酒店式格调为基础的家居设计为我们展现了一个高品质的生活环境，从现在开始，不管是以酒店为家还是把家当酒店的人，统统都可以回归到家的怀抱，感受酒店式“家”的温馨和美好。

林煜毅
汕头市亚太嘉毅设计有限公司 建筑及室内设计师
曾参与深圳、上海、北京、珠海等城市的大型设计项目;
室内设计涉及会所、住宅、样品房、销售中心、办公室、商场、餐厅等多个领域;
为了体现空间环境的整体性，嘉毅公司为客户提供了一套包括建筑设计、室内设计、结构改造设计、展示设计、家具设计、整体环境形象设计、电脑图形设计等多方面的完整的服务模式。

设计说明

本案采用经过改良的欧式风格，注重表现欧洲丰富的文化艺术底蕴和开放、创新的设计思想及尊贵的姿容。设计从简单到繁杂、从整体到局部，精雕细琢，给人一丝不苟的印象。一方面保留了材质、色彩的大致风格，另一方面摒弃了过于复杂的肌理和装饰，简化了线条，细细感受，你就可以强烈地感受到传统的历史痕迹与浑厚的文化底蕴。

顺着玄关进入客厅、餐厅，开阔的空间展现出住宅的格局，两空间以天花板区隔，另一侧留出走道通往卧室。设计师运用线板、壁板、斗框等古典语汇，衬托出优雅高挑的空间质量，两端不同饰面的墙壁强调出空间的主景，也使得客厅、餐厅得以相互呼应。顶级厨具做工细致且功能齐全，厨房墙壁则以仿古砖来衬托柚木饰面的质感。透光石板天花让空间充满光亮却又不失温馨。

项目地点：广州
项目面积：145 平方米
家庭成员：夫妻带小孩
主要材料：柚木饰板、德国墙纸、仿古砖、绒面布包、茶镜、莎安娜石板
设计风格：简欧风格
空间格局：客厅、餐厅、主卧、小孩房、客卧、一厨二卫二阳台

纯正的新古典风格给人典雅精致的感觉，而经过改良的新古典主义风格，则具备欧式简约的温润与新古典的优雅，整体呈现出一种舒雅、清润的感觉，既不会显得过于细致，又不会欠缺风度，而是一种暖和的感觉，一种儒雅君子般的气度。

功能区设计解析

- 客厅是一个空间最主要的功能区之一，也是最能体现空间气质的场所。在这个空间里，没有精美的雕花、镶边，也没有炫目的色彩，有的是一丝不苟的气度。电视墙以绒布包覆，米色的沙发以黑色边线勾勒，看上去简单却传达出深厚的文化底蕴。
- 厨房以顶级厨具衬里，柚木饰面与白色台面在色彩上形成强烈的对比，让空间充满视觉张力，更显出不凡的生活品质。
- 主卧的设计典雅而大气，黑、金两色的双重包边让室内家具显得华丽而精致，在木地板的衬托下更显张扬气质，强烈地表达出主卧的地位。
- 客卧相对于主卧，便显得低调多了，与整体空间相同的风格和色彩让其显得朴实而温馨，加上大面积窗户提供的自然采光，更添几分舒适。
- 女儿房主要强调一种公主气质，白色、粉色、米色成为空间的主导色彩，加上家具上的精美装饰，更添几分雅致，让空间充满浪漫、典雅的气息。

设计说明

主卧室的设计以精品酒店式为基础，欧式花纹的黑玻璃与带暗纹墙纸的电视墙，都一再地强调着主卧室的精致与贵气；更衣间延续主卧室的元素，以灯光与明镜辅助，打造了一个高级衣物与配件的陈列间；主浴室以莎安娜石材与茶色玻璃衬托纯白的瓷具，镀钛的宽边镜框面延伸到天花板，使得浴厕的整体气氛更添高贵神秘。

女儿房以米色典雅为主，粉色床品映衬出童话般的浪漫，床头优雅的曲线和古典雕花衣柜很好地形成呼应，暗合整体空间气质。大大的飘窗既是观景平台，又是一个自在的休闲天地，让小孩在自己的空间里拥有属于自己的心情。客卧以黑色与实木为主，打造出一个庄重优雅的睡眠空间，即便作为老人房也能满足其年龄需求，稳重的色调加上实木的质感，自然、舒适。

恋上家的味道

一个家装设计师最大的成功就在于让屋主爱上家、爱回家，这样，设计才算达到了最终目的。在这里，简洁流畅的线条勾画出“家”的框子，简欧装饰让家更加丰满，让人在体验欧式情怀的同时，享受舒适惬意的家庭生活。如此美家，自然让人恋恋不忘。

洪茂杰 JID 杰森空间设计 主持设计师

带着人文关怀与生命力的空间演绎手法，让设计在古典设计中带着现代元素，在现代设计中又有着古典的流畅，是一种新的空间美学。

设计师偏好电影情节般的设计，有着分景的戏剧想法，将繁复的线条简单化，将浓郁的色彩刷淡，注重居家不可或缺的机能性，在自我风格调和的设计中导入时尚感，让居家充满自我的品位与主张。

设计说明

本案在空间规划上采取三进式设计，进门后首先见到客厅，为了与餐厅有所区隔，在客厅与餐厅交界处设计了左右两道隔屏。以木作为框加上造型铸铁再在后面贴上宣纸玻璃，既能阻隔视线，又能让光线毫无阻碍地透射进来。这两道隔屏除了作为空间隔断外，还遮掩了楼梯侧边不好看的线条。二进餐厅，三进厨房，厨房与餐厅间设计了四片全开式拉门。平时可将拉门全部收入木作墙中，使两个空间合二为一，放大空间感。厨房使用期间，可将拉门全部关起，避免烹煮油烟飞散至客厅、餐厅空间。

在室内装饰方面，设计师将其定位为简欧风格。一楼作为公共区域，采用三进式的设计营造出简明大气的空间氛围。客厅里以棕色调的装饰为主，棕色的暗花沙发与灰棕色的窗帘勾画出流畅简洁的线条，加上递进式的天花边线，更显得明净大方。大理石材质的电视墙在米色弧面墙的衬托下更显黑亮剔透，特殊工艺的隔屏也为空间增添了一道亮丽的风景。

餐厅里明显的欧式风格餐椅与简洁的小圆桌组成了最具优雅情调的进餐空间，几何线条打造的天花吊顶与古典气质的吊灯作为空间的点缀，为其营造出最具怀旧气质的氛围；另一边，大幅玻璃门窗为室内采光提供了良好的条件，空间也因此显得更加明朗。

沿着餐厅一旁的楼梯向上便进入私人空间。主人房分为卧室、卫浴间和阳台三个部分。卧室又被划分为三个使用分区：睡眠区、床尾休闲区及更衣室。明确的功能分区和格局划分让空间清爽舒适，灰色调的室内装饰与实木地板给屋主提供了一份良好的心情，加上独立式的卫浴设施和休闲阳台，让屋主将惬意生活进行到底。

项目地点：中国台湾台中市
项目面积：120 平方米
家庭成员：夫妻
主要材料：浅金锋大理石、抛光石英砖、深金锋大理石、铁刀木皮、造型铸铁、硅酸钙板、艺术线板、茶色镜、ICI 乳胶漆、宣纸玻璃、进口壁纸、复合式木地板
设计风格：简欧风格
空间格局：1F：客厅、餐厅、厨房、卫生间
2F：主卧、卫生间、阳台

功能区设计解析

- 不大的客厅与餐厅隔门相望，沉稳的棕色主调让空间静下来，而简欧风格的家具搭配则凸显出屋主的品位与追求。
- 餐厅的家具以小圆桌形式搭配简欧风格，烘托出温馨的进餐氛围。此外，为了避免单一色调带来的沉闷，采用色彩鲜亮的壁画来点缀空间，将浓浓的艺术气息融入到居家氛围中。
- 主卧充分体现了屋主的个性和品位。简明大气的布置与中性化的色彩搭配带给人优雅华贵的生活体验，为屋主酝酿一份好心情。

此空间像是一个而立之年的成功人士，沉淀了青年时期的浮躁、焦虑，变得稳重、沉着，多了一点世故，却又不会让人反感，儒雅而沉静。生活原本就该是这个样子，剔除外在的华丽与喧闹，留下最真实的感受，与最亲近的人一起分享，无需掩饰，也无需刻意，该是什么样子就是什么样子。有心的，便显得精致，无意的，便流露自然，如此而已……

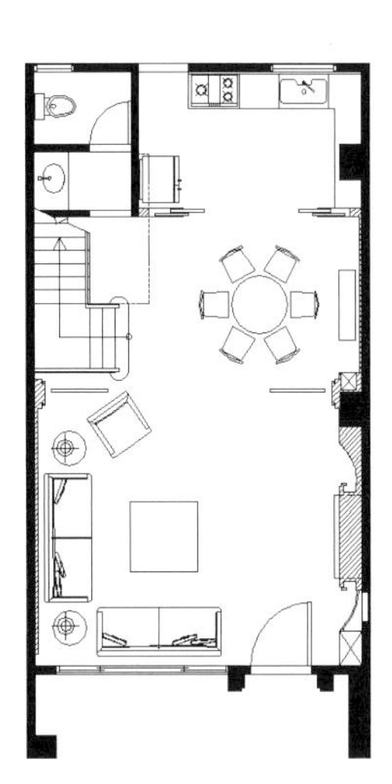

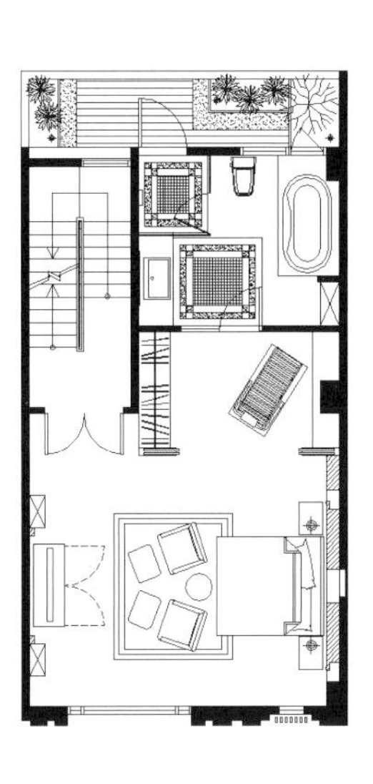

华丽的盛宴

黑色与白色的搭配，不知创造了多少经典，但无论是哪一个，都绝对有着自己的风格，不会雷同、无需模仿，更无需刻意营造。黑白的经典各有风情，在这里，即将上演华贵的一幕，华丽而不奢侈，低调却令人难忘。这就是浓情上演的华丽盛宴，让你享受欧式宫廷般的尊崇与优雅。

陈小琪
汕头市亚太嘉毅设计有限公司 建筑及室内设计师
曾参与深圳、上海、北京、珠海等城市的大型设计项目;
室内设计涉及会所、住宅、样品房、销售中心、办公室、商场、餐厅等多个领域;
为了体现空间环境的整体性，嘉毅公司为客户提供了一套包括建筑设计、室内设计、结构改造设计、展示设计、家具设计、整体环境形象设计、电脑图形设计等多方面的完整的服务模式。

设计说明

这是一个黑、白、灰的纯净世界，是一个无彩色系打造的居住空间，然而奢华却在这里不经意地上演。设计中大量运用新工艺和新型材料，追求个性的室内空间形象和结构特点，黑白对比营造出强烈的反差效果。设计师打破现代主义的造型形式和装饰手法，注重文脉，把传统元素通过重新组合展现在新的情境之中，打造出一个极具品位的空间。

客厅是一家人互动的空间，此刻，这里正上演着华丽的剧目：浅褐色的沙发有着优雅的卷边设计，并不是雕花，而是镶边修饰，银色的边线与黑边相衬，显得优雅华贵，配上地毯和黑纱窗帘，整个客厅显得雍容大气，仿若正要开演的宫廷大戏，铺张出不俗的气势。餐厅里，灰色和银色的完美搭配将华丽尽显，灰镜的大面积运用营造出空间延伸的效果，让这个延续的空间显得更为富贵大气。狭长的厨房采用封闭式设计，一边是盥洗区，一边是烹饪区，明确的分区让操作更为方便快捷。

主卧采用黑色与灰色搭配，华丽中透出典雅的气质，银灰色的烫花壁纸衬着黑色床头，显得庄重而优雅，仿似客厅风格的延续。次卧延续灰色优雅，米色、灰色、银色将空间衬得雍容华贵，有着水晶般的晶莹和冰雪般的质地，让人体验极致的生活享受。卫浴间有明确的干湿分区，淋浴区采用褐色马赛克拼贴墙面，在清爽中流露出华贵气质。

整个空间将华贵、优雅书写得淋漓尽致，是真实的体验，也是真实的生活，让人体验高品质的生活。

项目地点：广州
项目面积：160 平方米
家庭成员：老人、夫妻带小孩
主要材料：合板、德国墙纸、仿古砖、绒面布包、灰镜、欧式镜框
设计风格：简欧风格
空间格局：客厅、餐厅、主卧、客卧、次卧、书房、一厨三卫二阳台

功能区设计解析

- 客厅和餐厅之间并没有实质性的隔断，只是用黑色地砖铺贴出一圈圈边线，便给两个区域规划出各自的范围，既显出空间的独立感，又不会阻碍视线的交流，更显开阔大气。
- 狭长形的厨房结合空间特点，采用两边式的布局方式，让空间显得不那么拥挤，且又方便操作，更主要的是，这样的设计保证了玻璃门外的光线能够毫无阻碍地进入室内。
- 卫浴间的设计简洁而清静。淋浴区采用马赛克拼贴，为空间平添出几分华丽优雅，显得低调而沉静。
- 次卧以银色与米色营造出晶莹华丽的气质，欧式典雅的床头设计加上精美的雕花图案，更显雅致、柔情。

这是一个集浪漫与奢华、品位与安逸的空间，这里的家具延续着昔日法国宫廷的古典风格：精致的描金花纹图案，加上雍容华贵的面料设计，完全摒弃了传统欧式家具的严肃与压迫，营造出奢华浪漫的贵族生活氛围，让人沉醉。

迷人的风情

真正的奢华，是低调、精心雕琢的细节，是从时间和智慧中提取的精华。抛弃时尚交际的浮躁，达到精神层面的升华，在永不过时的经典风格中，演绎永不谢幕的奢华生活。这就是本案空间表现出来的格调，后奢华风格带来的心理震撼，不仅在于外观的装饰，更强调空间的内涵，让奢华从内而外，溢满整个空间。

王帅　东易日盛长沙分公司 室内设计师

1980年出生，2003年毕业于沈阳航空工业大学设计系，主修室内设计，获得优秀大学生本科文凭，毕业当年加入香港白云穗港装饰工程有限公司（当时东北最大的室内装饰公司之一），成为设计师；2005年回长沙继续设计生涯，进入长沙市建筑规划设计院，而后成立王帅室内设计工作室；2007年加入北京东易日盛装饰长沙分公司，先后成为中国注册高级室内设计师，中国注册高级室内建筑师，国际住宅文化室内设计研发中心研究员。

设计说明

整个空间以高贵的香槟色作为主色调，水晶灯在水银镜的衬托下尽显低调奢华。银质金属光泽的餐具在客厅茶几上烙下贵族的气质，空间中呈现出浪漫的后奢华气息，线条与雕饰以精细的比例让空间不落俗套。

贵气华丽的后奢华不仅重视外观的装饰，更精雕于墙面，强调空间的一致性。米色的主色调贯穿着全景，呼应了空间的明朗大度。充满装饰意味的古典家具搭配奢华的水晶灯，流溢出低调的华丽。从入户中庭到公共空间的打造，再到私人卧室的设计，在合理利用空间的同时，一并完善空间的机能设置，让空间流畅、明朗大气。

公共区域开阔而明朗，客厅与餐厅间没有明确的区隔，咖啡色与酒红色的搭配让空间呈现出庄重大气之感，加上仿鳄鱼皮的茶几面和铜色的金属桌腿，更添几分贵气。电视墙也以绒面软包的形式呈现，灰色的面料加上凹凸有致的造型，既不会单调，又不会过于喧闹，气氛营造的刚刚好。

卧室则呈现出另一种华贵，主卧采用与公共空间同样的色彩搭配。整体米色调中加入酒红色做跳色来活跃空间氛围，加之材料表现出来的特性与气质，更添华丽富贵。与床架同色的烫花壁纸在光线的作用下，既协调统一又彰显着独有的光彩。

整体空间以大气华丽的姿态呈现，没有过多的修饰和点缀，只是将存在的每一个物件的价值和光彩都表现出来，让其自内而外地散发出奢华的意味，带给人独特的感受。

项目地点：长沙市
项目面积：145平方米
家庭成员：夫妻带小孩
主要材料：水银镜、PU材质、软包、水晶灯、墙纸
设计风格：简欧风格
空间格局：餐厅、客厅、主卧、小孩房、
一厨二卫二阳台

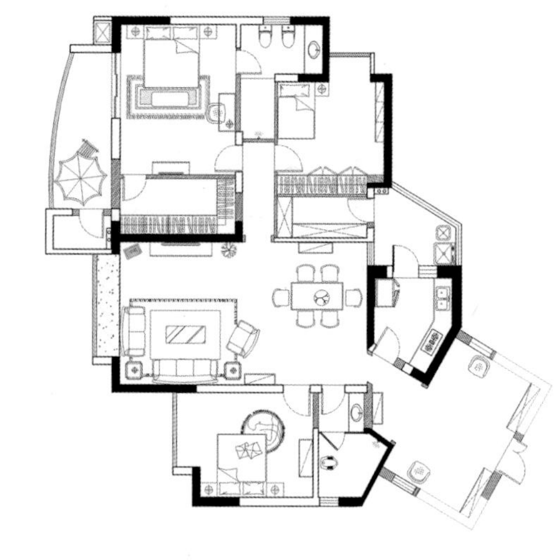

这是一个集实用、优雅、华贵、舒适于一体的居住空间，欧式家具独有的优美造型传达出深厚的文化底蕴和艺术内涵，提升了空间品质和生活质量。在这样一个可赏可居的空间里生活，憧憬着未来，回味着过往。一切就像是一场梦，让人期待！

功能区设计解析

- 精心打造的电视背景墙并没有突兀感，软包式的设计呼应着庄重大方的沙发，同样的中性色调书写出硬朗大气。
- 餐厅里除了餐桌椅，没有任何多余的装饰，只是在客厅、餐厅交界的墙角下摆放了一只巨大的花瓶，即便没有插花的点缀，也不容人忽视。
- 主卧的设计以凸显屋主气质和品位为设计要点，淡雅的色彩以酒红色的床品显现出高贵的气质，温润的木地板与冷硬金属质感的家具组合在一起，在矛盾的冲突中激发热情与活力。
- 卫浴间的设计以洁净、清爽为主，仿古砖做旧的色彩映衬出纯白的洁具，盥洗池下面的柜体呼应上方的镜子，书写出典雅的气质与贵族的优雅。

奢华风靡

奢华风靡，说明人们对物质生活的要求越来越高，好的东西当然人人喜欢，但我们不崇尚盲目奢华。在追求高物质的同时，我们不能盲从，不能丧失品位。于是，新古典带着低调的华丽和典雅的内蕴走进人们的生活，在带来奢华、优雅的同时，又不失其品位和格调，让人心动！

陈熠　东易日盛南京分公司 首席设计师
中国建筑装饰协会高级室内建筑师
中国建筑装饰协会高级住宅室内设计师
中国建筑装饰协会陈设艺术设计师
中国建筑学会室内设计分会（CIID）南京会员
南京市室内设计学会（NIID）会员

设计说明

本案的设计理念为“低调的奢华”，为屋主打造了一个高品位的时尚住家，体现了时尚、潮流、人文、品位的家居生活。设计不是简单的追求奢侈华丽，讲究的是风格当中的内在品位。从家具的选择，窗帘、布艺花纹的搭配，到墙纸图案、色彩的选择以及装饰画的布置，每一个细节都有着对生活品位的理解。

设计师在保留原空间格局的基础上，让主卧外面的卫生间与衣帽间一起成为私人独享空间。除此以外，其他空间保持不变。入室便是菱形图案的大理石铺就的走道，与客厅、餐厅等公共空间有着相似之处，却又不尽相同，这也是不同功能空间的区隔方式。

客厅里黑、白、咖啡色的大理石拼花地板一直延伸到餐厅的尽头，凸显大气之余，更有扩大空间感的效果。光滑可鉴的地板上，摆放着华丽端庄的欧式沙发、茶几和电视柜，优美的腿脚和精致的攒花镶边配合晶莹华美的水晶吊灯，整个空间就像是展厅里的艺术装饰，让人心动不已。餐厅里简单的圆桌搭配典型的古典座椅，映衬着旁边的银色餐柜和精美的镜子，凸显出华丽大气。

主卧以深色木地板做底，搭配白色的床架和银色的家具，枕着咖啡色的软包床头墙，素雅华丽的床架如同帝王驾临一般，有着不可阻挡的气势，却又给人温和、优雅的感受，让人感受到家庭生活的温馨和舒适。

项目地点：南京
项目面积：150 平方米
家庭成员：夫妻带小孩、保姆
主要材料：墙纸、大理石、镜面、玻璃
设计风格：欧式新古典风格
空间格局：餐厅、客厅、保姆房、主卧、小孩房、一厨二卫一阳台
摄 影 师：金啸文

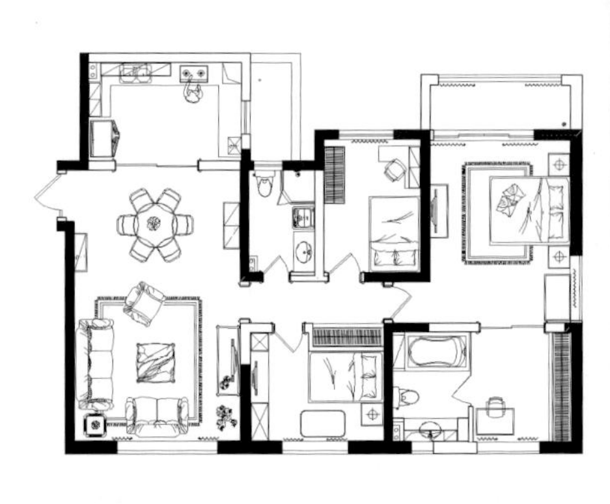

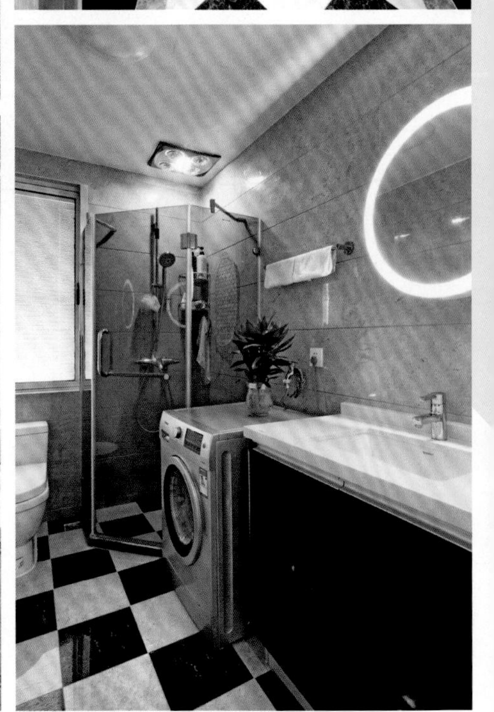

在这个以黑色、白色为主调的空间里，什么是低调？什么是奢华？什么是优雅？……这些问题已经不需要我们去回答，空间自有主张。参观完整套房子之后发出的一声惊叹，居住者切身体验之后的一张笑脸，便是答案，告诉了我们什么是奢华，什么是低调。它是一种态度，也是一种姿态，只能参考，不可复制。

功能区设计解析

- 客厅和餐厅的设计中，交叉的拼花地板让空间显得动感十足，浅色的沙发、黑色的餐椅和金属质感的茶几充分表现出宁静的一面，在协调空间氛围的同时，将华丽大气展现出来。
- 厨房以大理石墙面搭配高档橱柜来布置，为屋主创造出一个清爽、实用的烹饪环境。
- 卧室的设计各不相同：主卧庄重华丽，儿童房可爱温馨，各自彰显着独特的个性和魅力，满足屋主的喜好和追求。
- 卫浴间橙色、白色的地面砖拼花造型，突出了纯白的洁具和储物柜，将实用功能和舒适享受合二为一。

自己做主的地盘

既想要享受天伦之乐，又想要有自己的独立思考空间。随着生活质量的日益提高，我们对家的要求也越来越高，因为心中总有那么一个地方，似乎怎么也填不满，需要不停地更新。所以家也需为我们保留那样一块地方，让我们自己做主，随意释放自己的情绪，挥洒自己的创意，直到满意为止……

洪茂杰　JID 杰森空间设计 主持设计师

带着人文关怀与生命力的空间演绎手法，让设计在古典设计中带着现代元素，在现代设计中又有着古典的流畅，是一种新的空间美学。

设计师偏好电影情节般的设计，有着分景的戏剧想法，将繁复的线条简单化，将浓郁的色彩刷淡，注重居家不可或缺的机能性，在自我风格调和的设计中导入时尚感，让居家充满自我的品位与主张。

设计说明

此案为新成屋装修项目，原有的地下一层为车库，另有一个单一的大空间，设计后增加了储物间与一间简易客房。一楼打破原先客厅、餐厅与厨房之间无隔间的设计，用造型隔间将厨房隔开，以避免烹煮过程中产生的油烟扩散至客厅和餐厅。客厅与餐厅之间则采用无形界线来划分，保证公共区域的开阔明朗。家具饰品方面以米灰色为主调，搭配深色暗花配饰，既显高贵，又隐含优雅气质。餐厅里米色的卷边座椅与黑色小圆桌流露出欧式贵族气质，加上典雅的吊灯与精美的雕花花瓶，古典韵味尽显无遗。

餐厅一旁的吧台以楼梯墙为背景，深沉的实木营造出厚实庄重的氛围，让人联想到散发着浓郁香味的酒庄和酒窖，也勾起人们小酌的欲望，让家庭生活更添几分情调。

一楼与二楼主色调为铁刀木色，营造出沉稳的空间感受，配合香槟色艺术线板，低调中略带奢华。二楼是主人房，配备独立的更衣室和开阔的卫浴间，在沉稳优雅中流露出生活情趣，更添几分舒适惬意。

三楼是两个女儿的卧室。维多利亚风格的卧室是大女儿的房间，半腰高的白色烤漆壁板搭配粉紫色壁布，增加了空间的浪漫氛围。另一间卧室则迎合了小女儿活泼的性格，使用浅色白橡木皮，规划出轻松休闲风格。这样一来，每个人都有了独立的自由空间，优雅而舒适。

项目地点：中国台湾台中市
项目面积：210 平方米
家庭成员：夫妻带两个女儿
主要材料：波斯灰大理石、铁刀木皮、白橡木皮、硅酸钙板、艺术线板、茶色镜、ICI 乳胶漆、进口壁布
设计风格：简欧风格
空间格局：1F：客厅、餐厅、吧台、厨房、卫生间
2F：主人房（卧室、更衣室、卫浴间）
3F：女孩房（2 个）、卫浴间

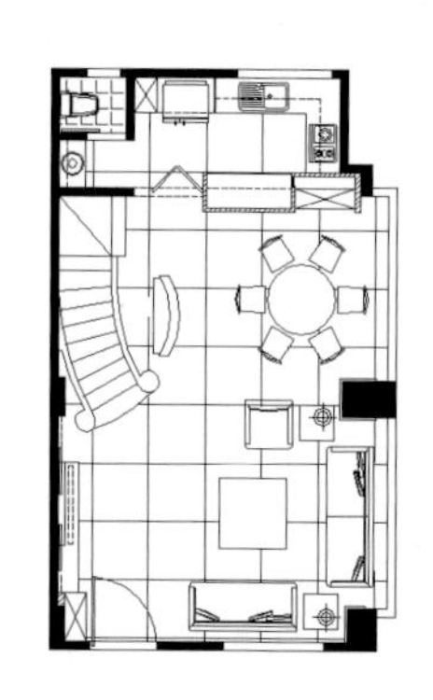

如果空间允许，谁都想拥有一个属于自己的独特空间，那是真正属于自己的地盘，喜欢什么风格的设计就做什么风格的装饰，自由自在。在这个空间里，设计师为每个人都打造了一个专属的空间，或沉稳，或优雅，或活泼，或浪漫……一切，尽在掌握之中，却又在意料之外，这就是生活带给我们的惊喜。

功能区设计解析

- 棕色的抱枕和窗帘让客厅明朗大方，棕色深厚，灰色淡雅，黑色时尚，在这个没有隔间的区域，显得明净而优雅，让人拥有高品质的生活体验。
- 米色的餐椅有着优美的造型，以其搭配黑色简约的餐桌和雅致的吊灯，显示出欧洲贵族般的典雅华贵。
- 深色木地板与书柜仿佛是连体结构，让空间和谐一致，于是书桌以色彩暗淡的木料打造，为强调，也为了更和谐。
- 盥洗池下面的柜体采用深沉的木料打造，更显几分贵重，而分体式的设计让储物更显方便、灵活。
- 主卧根据主人的个性和品位来设计，印花软包的床头与床品很好地搭配，显出沉稳华贵的气质，又不失浪漫、温馨。
- 中间是小女儿的卧室，按其喜好的风格来进行装扮，浅色白橡木皮和橙色床品完美地搭配出轻松、休闲的空间氛围。
- 大女儿的房间采用维多利亚风格来设计，粉紫色的布艺浪漫中隐含着优雅，将女孩的气质尽显无遗。

奢华简欧风

新古典与欧式的融合形成一股新的奢华风，经由时间的历练和设计师的诠释，呈现出全新的风貌，被人们统称为简欧风格。兼具古典风格的典雅精致和欧式风格的奢华丰韵，既能满足都市典雅人士的品位追求，又能舒缓需要放松的疲累心情，如此优雅，又如此亲近！

王云凌
福建国广一叶建筑装饰设计有限公司 设计师
毕业于福建师范大学艺术设计专业

设计说明

于古典风格家居中脱颖而出的简欧风格历经多年演变，已然自成一派。它发扬古典的伟大之处，又在传统美学的基础上以现代材质和工艺手法对古典风格进行全新演绎，去繁就简，以复古与摩登共存的独特魅力虏获都市典雅人士桀骜的心。

设计师对空间格局做了一定的改动，让生活功能空间更显合理紧凑。首先，对厨房做了重新布局，将其设计成开放模式，既显宽敞，又能提供更多的功能空间让烹饪的人自由舒展，为家人做出美味可口的饭菜。此外，设计师对主卧的卫生间也做了重新布局，增加了步入式淋浴功能，提升了沐浴空间的品质。除此以外，其他区域都保持原有的格局。设计师以简欧风格对空间进行修饰，将欧洲文化底蕴表现出来，将奢华大气的氛围带入空间，为屋主提供最优质的生活享受。

在公共空间里，设计师利用建筑自身的优势，打造大气的欧式客厅和餐厅，将稳重大气与奢华完美地融合在一起，并运用“借景入室”的手法，令人在室内也能充分感受到户外才有的宜人环境。加上大理石、玻璃等反光材料的大量运用，以及绒布软包和墙纸的点缀，更添华贵、优雅。映衬着借入的风景，让人感觉高贵而亲近。

卧室等私人空间的设计，不管是主卧还是客房，设计师都以优雅华贵为设计理念，极力打造一个高品质的生活空间。色调以优雅的米色、白色为主，点缀具有高贵气质的紫色或香槟色，加上软包和地毯的烘托，生活的格调一目了然。

项目地点：福州
项目面积：120 平方米
家庭成员：夫妻带小孩
主要材料：西班牙米黄、浅啡网大理石、灰色镜面玻璃、绒布软包、墙纸
设计风格：简欧风格
空间格局：餐厅、客厅、主卧、小孩房、客房、书房、一厨二卫三阳台

功能区设计解析

- 开放式的餐厅带给人开阔的视野和明亮的光线，大理石拼花地板与天花板上的菱格花纹上下呼应，让空间的整体感更为强烈。欧式的餐桌椅小巧而精致，带给人愉悦的进餐情绪。
- 书房采用半开放式设计，明窗亮几加上纯白的色调，更添明朗、宁静，为在此工作或学习的人营造出良好的氛围。
- 主卧以米色调搭配沉稳高贵的紫色，营造一份独属于屋主的气势和风度。开阔的空间加上优雅的搭配与舒适的色彩，带给人高质量的睡眠环境。
- 客房的设计参照整体空间的风格，温和的色彩与舒适的软饰相结合，让来访的亲朋好友感受到舒适、贴心的关怀。

经过改良的古典欧式主义风格更符合中国人内敛的审美观念：以象牙白为主色调，以纯粹而浓烈的深色为点缀，既表达出浓厚的欧洲风味，又兼具华美、优雅、舒适、浪漫，将空间的美感与中国人独有的审美情趣结合在一起，让人想不喜欢都难。就是在这样的前提下，生活才可以更艺术化，都市人的“小资情调”才可以更好地得到满足。

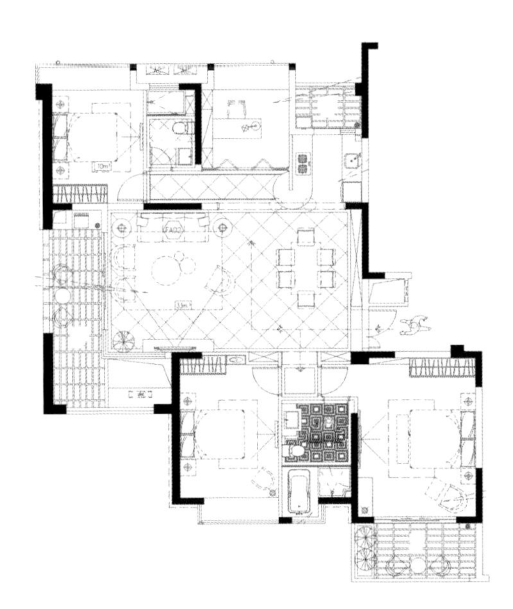

面朝大海，春暖花开

“从明天起，做一个幸福的人。喂马、劈柴，周游世界。从明天起，关心粮食和蔬菜。我有一所房子，面朝大海，春暖花开。”事实上，这已经不再是一个心愿，而是一个现实。本案屋主拥有一所房子，面朝大海，可以邀友，把酒言欢，可以与家人共享天伦。从今天开始，不需要等到明天！

林煜毅
汕头市亚太嘉毅设计有限公司 建筑及室内设计师

曾参与深圳、上海、北京、珠海等城市的大型设计项目；室内设计涉及会所、住宅、样品房、销售中心、办公室、商场、餐厅等多个领域；

为了体现空间环境的整体性，嘉毅公司为客户提供了一套包括建筑设计、室内设计、结构改造设计、展示设计、家具设计、整体环境形象设计、电脑图形设计等多方面的完整的服务模式。

设计说明

本案属于金港广场的项目，拥有以双轴线贯接的六个景观和美丽的海景资源，优越的室外环境为空间的设计提供了良好的基础。室内设计方面，屋主希望打造一个与环境相吻合、与自身素质与品位相协调的家居空间。设计师以素雅简约的欧式风格为设计理念，为屋主打造了一个优雅大方、华丽婉约的生活空间，在体现屋主生活品位的同时也体现出他的涵养和气质。

这是一个素雅清爽的空间。从公共空间到私人空间，从玄关走道到厨房、卫浴间，均以浅淡的色彩来表现，营造出小家碧玉般的婉约、雅致。加上明亮的灯光处理，更是将空间映衬得莹白似雪，整体散发出一种不真实的气息，带给人清爽、飘逸、灵动的感觉。

空间整体以白色、米色为主，配以浅浅的灰色和米黄色，点缀浓重的黑色和深沉的蓝色，将色彩表现得鲜明而突出。公共空间以白色为底，晕上清浅的米色，以棕色勾边，精致而鲜明。书房及卧室则以木色为底，白色为框，点缀些许明亮的色彩，将个人喜好与品位表露无遗。在材质选择上，公共空间以石材为主，凸显大气、优雅；卧室以木质为主，辅以软包、布艺、墙纸等极具柔和气质的材料，完善空间，也完美生活！

细节方面，精致的雕花、镶边，晶莹剔透的水晶吊灯，优雅内敛的镂花以及零星点缀在空间中的绿色盆栽和插花，在丰富空间的同时也充实了居住者的心，让心里溢出满满的幸福。

项目地点：汕头
项目面积：170 平方米
家庭成员：夫妻带老人、小孩
主要材料：墙纸、大理石、木地板
设计风格：简欧风格
空间格局：玄关、客厅、餐厅、书房、主卧、儿童房、长辈房、一厨三卫二阳台

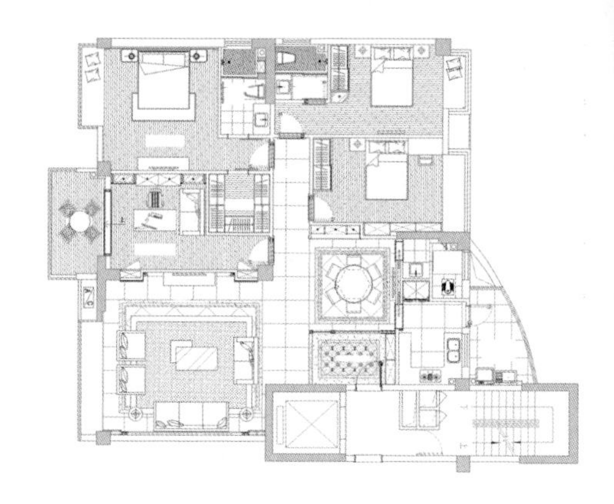

人们常说“君子之交淡如水”，说的不仅是人与人之间交往的道理，还道出了水的特质：淡淡的，让人觉得不远不近，很舒服。在这个家居空间中，人们所能感受到的就是类似于“水”的一种情怀。清浅的色泽带给人轻松、舒适的感受，安抚人的心事，沉淀浮躁的情绪，以平易近人的姿态展露奢华、优雅的光芒，让人从心底里爱上这里，爱上“家”。

功能区设计解析

- 客厅充分展示空间的优势，以开阔的场地搭配浅色调的家具组合，将开阔明净的局面呈现在人们面前，其气势和魅力便不可阻挡。
- 餐厅处于一个半包围的空间中，镂花的隔断和双面搁架的使用让空间没有丝毫的压抑感，加上白色的餐桌椅，更显优雅、温馨。
- 书房与休闲室兼备的设计让空间呈现出两种不同的气质，前半段的书房沉静庄重，后半段通过抬高地板设置的休闲空间则尽显舒适、悠闲。书桌背后的墙面以陈列架围合墙体的形式来打造，素雅墙纸装点的墙体与陈列柜中展示的物品一起装点空间，将艺术与美表露无遗。
- 卧室的设计因不同的喜好和品位而各有不同，主卧以咖啡色的软包搭配同色系的床品，让空间整体性更强。深色木地板与宽大的飘窗带给人无可比拟的舒适感受；小孩房以军绿色穿插灰色的软包设计打造床头墙，配以白色的床品和米色的柜体，尽显温柔、清爽的气质。

低调的奢华

当下流行奢华主义，大到十几万一平方米的商品豪宅，小到各名品牌的包包，经济的高速增长催生了奢华潮流；而低调的奢华，则充体现了屋主的生活品位和个性追求，不张扬，却尽显华贵气质，精巧而不落俗套，让人从心底爱上家。

龚德成　龚德成室内设计事务所 设计总监
国家一级注册建造师、高级室内设计师
从事室内设计多年，成立了龚德成室内设计事务所。
作品多次入选《创意中国》《华人精英人才大典 》《装潢世界》《现代装饰》《时尚家居》等书刊杂志。
2007 年 荣获金羊奖十大设计师
IDCF2007 年 住宅类佳作奖
金羊奖 2007 年度中国十大设计师
2008 年“威能”杯设计大赛获优秀奖
IDCF2008 年度国际设计大赛获佳作奖

设计说明

本案的屋主是一对中产阶级夫妇，设计师以“低调的奢华”这一设计理念来设计他们的新居，打造了一个高品位的时尚住家，体现出时尚、潮流、人文、品位的家居生活。

客厅、餐厅的地面以大理石打造，并以不同色彩和花纹来划分区域，过道和功能空间既有所区别，又融洽地协调在一起。客厅、餐厅的家具也采用同一系列，黑色、银色的搭配及银质雕花镶边尽显优雅华丽，围绕在四周的帘幔及欧式花纹的壁纸，将公共空间的意蕴和气质烘托得更为突出。

主卧以白色搭配香槟色，营造出温馨雅致的氛围。脚底下踩着柔软的地毯和木地板，柔软、温润的触感带给人最贴心的安慰和享受。家具简洁而优雅，经典的花纹壁纸与家具上的雕花与包布形成呼应，给人一种整体协调感。

小孩房出于对孩子年龄的考虑，设计完全脱离活泼、可爱的感觉，偏向于简洁、清爽。白色空间里，深色木地板搭配米色家具，清爽而舒适。

项目地点：深圳
项目面积：160 平方米
家庭成员：夫妻带小孩
主要材料：微晶石地砖、进口大花白大理石、金地米黄大理石、月亮古大理石、实木线条、进口墙纸、软包
设计风格：欧式风格
空间格局：餐厅、客厅、主卧、小孩房、一厨二卫

其实，对空间没有那么多的要求，是因为相信，环境不变的时候，生活要靠人去创造。不管是温馨的、浪漫的，还是理性的、规则的，亦或是灵动的、清新的，都只是一种感受而已。家，最终还是要还原最基本的生活功能，在此基础上，任思绪纷飞，灵感闪现。或许，这种感觉，才最真切。

功能区设计解析

- 客厅的设计中，用黑色表达时尚酷感，用金属质感传达奢华意味，用曲线展现优雅气质。素雅的电视墙很好地衬托出这一切，让空间回归沉静、雅致。
- 厚重、华丽的帘幔也是欧式风格家居的标志之一，它兼具实用和美观，为空间氛围的营造起着不可估量的作用，同时也可随着屋主的意愿创造独立式空间或者开放式格局，是家居空间装修不可或缺的饰品之一。
- 小孩房以木地板铺地，米色家具搭配香槟色床品，表现出温馨、舒适的质感，银灰色的墙纸在光线的作用下漾出水波般的纹理，为空间平添几分轻灵、活泼的气息。
- 主卧以黑色暗花软包衬托浅金色的床架，同色系的床品与棕色系的窗帘，将华丽、大气表现得淋漓尽致。